科学的历程

1700—1800

工业崛起

[美]查理·塞缪尔斯 ◎ 著

杨宁巍　郑周 ◎ 译

长江出版传媒

湖北科学技术出版社

图书在版编目（CIP）数据

工业崛起 / [美] 查理·塞缪尔斯著；杨宁巍，郑周译 . 一 武汉：
湖北科学技术出版社，2015.9
（科学的历程）
ISBN 978-7-5352-8015-2

Ⅰ. ①工⋯ Ⅱ. ①塞⋯ ②杨⋯ ③郑⋯ Ⅲ. ①自然科学史 – 世
界 – 1700 ～ 1800 – 儿童读物 Ⅳ. ① N091-49

中国版本图书馆 CIP 数据核字 (2015) 第 140110 号

科学的历程

工业崛起

编　著：[美]查理·塞缪尔斯　著　杨宁巍　郑周　译
责任编辑：刘　虹　曾　菡
封面设计：胡　博

印　　刷：武汉市金港彩印有限公司
出版发行：湖北科学技术出版社有限公司

开　　本：889mm×1194mm　1/16
印　　张：3
字　　数：80 千字
版　　次：2016 年 1 月第 1 版
印　　次：2016 年 1 月第 1 次印刷
书　　号：ISBN 978-7-5352-8015-2
定　　价：14.80 元

地　　址：湖北省武汉市雄楚大街 268 号
　　　　　（湖北出版文化城 B 座 13-14 楼）
电　　话：027-87679468
邮　　编：430070
网　　址：http://www.hbstp.com.cn

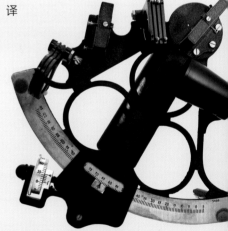

目　录

引 言

18 世纪的科技发展塑造了整个现代世界，包括工业化、量产以及迅捷的交通。

渐渐地，掌握专业知识的人成为推动科技进步的主力军，比如工程师。他们把科学研究作为推动商业发展和助推社会进步的工具。一如既往，任何进步都不是一蹴而就的。人类使用铁的历史已有几个世纪。18 世纪早期，铁的生产有了成本更低廉的方法。这对于社会发展具有促进作用，比如蒸汽机被发明后，可用于从矿井中汲水；另外铁路也开始铺进人类历史。船运能力大大提高，海运事业蓬勃发展，运河系统四通八达，有效地增强了工业原材料和制成品的运输能力。在农业生产地区，各种农业机械的普遍使用增加了粮食产量，城镇逐渐增长的人口不再担心粮食供应的问题。

科技和社会变革

生产制造和交通运输的深刻变化带动了社会的巨大变革。巨大的工厂可以同时容纳大量工人进行生产，这是人类历史上的第一次，他们手里的工作逐渐被机器取代完成，他们所生产的产品成为量产的最初印证。18 世纪末，美国和法国经历了巨大的政治动荡。

关于本书

本书以时间轴的形式叙述了从 17 世纪开始的一百年间科学技术的发展。在本书每页的底部会随附一段连续的时间轴，覆盖了本书所论述的全部时期，每个时间轴的条目都标明了颜色，用以指明其所属的科学领域。此外，在每一章的书页边缘随附了关于本章主题的时间轴，这些时间轴共同展示了关于本章节主题的详细信息。

利用高炉炼铁成本更加低廉，极大地推动了工业革命的进度。这些炼铁的基本技术直到今天仍在使用。

炼　铁

虽然人类炼铁的历史由来已久，但在公元 700 年高炉发明之前，铁制的工具和武器数量依旧稀少。

↑炼铁熔炉需要制造高达 900℃的温度才能将铁从铁矿中熔化出来。

时间轴

1700–1705 年

分类：

- 天文学和数学
- 生物学和医学
- 化学和物理学
- 发明和工程学

1700 德国数学家戈特弗里德·威廉·莱布尼茨建立了柏林科学院，这是第一所国家科学院。

1701 意大利医生贾科莫·普拉利尼在君士坦丁堡为三名儿童接种了天花。

1701 英国天文学家爱德蒙·哈雷制作了一幅大西洋磁偏角等值线图，从而证明了地磁偏角的存在。

1701 英国农学家杰思罗·塔尔发明了一种机械条播机用于播种。

1702 英国解剖学家威廉·古柏在男性生殖系统中发现了尿道球腺。

1700　　　　　　　1701　　　　　　　1702

炼铁工艺最初起源于古埃及和安那托利亚（今土耳其境内），后传至印度和中国。古希腊人使用铁螺栓连接石块，到了公元前400年，中国工匠使用某种铸铁制造雕像。位于西班牙的卡塔兰熟铁炉是人类历史上的第一座炼铁高炉，据说大约建造于公元700年。

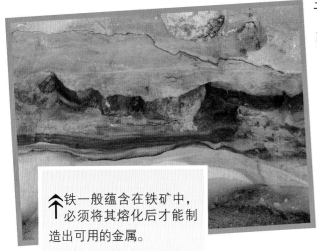

铁一般蕴含在铁矿中，必须将其熔化后才能制造出可用的金属。

时间轴

公元700年 位于西班牙的卡塔兰熟铁炉是人类历史上的第一座高炉。

1709年 高炉里开始使用焦炭。

1779年 科尔布鲁克代尔的铸铁桥

1828年 尼尔森的热空气工艺

1857年 热风炉

这幅图刻画了16世纪时在高炉旁工作的炼铁工人。其中一人操作风箱，另一人负责炼铁。

英国炼铁工艺的改进

到了14世纪，英格兰成为欧洲最主要的铁生产国。通过利用水车驱动风箱，可以时刻为高炉提供气流，每日的铁产量可达3.3吨。如此巨大的产量需要消耗大量的木炭，当时的木炭主要通过燃烧木材获得，以至于到后来不列颠岛的大部分森林都受到了破坏。1709年，英国炼铁工人亚伯拉罕·达尔比开始用焦炭（用煤制得）代替木炭来炼铁。

1703 位于英吉利海峡的涡石灯塔在一次风暴中被冲毁，灯塔的建筑师也殒命其中。

1704 英国科学家牛顿出版了《光学》一书，书中描述了光的本质和反应。

1703

1704

1705

1703 英国物理学家弗朗西斯·霍克斯比改进了真空泵。

1704 意大利钟表工法蒂奥·德迪勒制作了一面使用宝石轴承的钟。

高炉的工作原理

钢铁工人建造高炉时需先挖一个洞并修建一座锥形的烟囱，再往高炉中装满铁矿石、石灰岩和木炭，然后点火。

风箱不断往炉中吹送空气，木炭在空气中燃烧产生一氧化碳，铁矿石在一氧化碳的作用下转化成金属铁。石灰岩在高炉中的作用是去除杂质。

➡️ 炼铁工人利用风箱向炉内吹送空气，提高炉内温度，从而得到铁水。

达尔比的这次改进对铸铁的生产和使用带来了巨大影响。用铸铁制造的锅、盘和壶很快就成为英格兰千家万户的常见器具。

达尔比所做的改进

在英格兰西南部，达尔比在科尔布鲁克代尔的塞文河畔建造起了自己的炼铁高炉。1742年，达尔比之子亚伯拉罕·达尔比二世开始利用蒸汽机从河中汲水来驱动风箱。1779年，达尔比之孙亚伯拉罕·达尔比三世使用预先用铸铁制造好的桥梁部件在塞文河上建起了一座铸铁桥。桥长30米，高出水面12米。

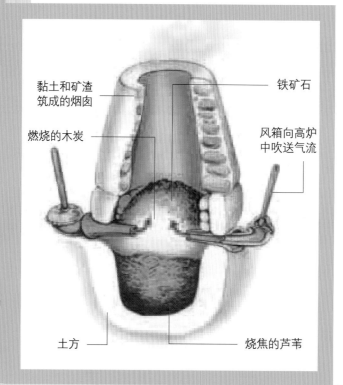

黏土和矿渣筑成的烟囱
铁矿石
燃烧的木炭
风箱向高炉中吹送气流
土方
烧焦的芦苇

时间轴

1705 – 1710 年

分类：

- 天文学和数学
- 生物学和医学
- 化学和物理学
- 发明和工程学

1706 英国物理学家弗朗西斯·霍克斯比设计了一个静电发生器。

1707 英国物理学家约翰·弗洛耶制造了一只特别的表，可以测量人体的脉搏。

1706 英国数学家威廉·琼斯提出使用符号"π"表示圆周率。

1705　1706　1707

1779 年，亚伯拉罕·达尔比在科尔布鲁克代尔的塞文河上修建了一座铁桥。行人通过这座桥时需支付过桥费。

科尔布鲁克代尔桥的各部件是用铸铁提前铸造的，然后在施工现场用螺栓组装而成。

1800 年，人们对高炉技术做了最后的改进。1828 年，在苏格兰的格拉斯哥，工程师詹姆斯·尼尔森让气流通过一段热气管对气体进行预热，从而提高了高炉的冶炼效率。初期的时候主要通过烧煤来加热预热管，后来改用煤气，这是煤块在高炉中燃烧产生的副产品。1857 年，英国发明家爱德华·考珀改进了尼尔森的设计，他直接利用来自高炉本身的热气来加热即将进入炉内的气体。

1709 英国物理学家弗朗西斯·霍克斯比描述了毛细现象，如海绵或吸墨纸能够吸收液体。

1709 出生于波兰的荷兰物理学家丹尼尔·加布里埃尔·华伦海特发明了酒精温度计和华氏温标。

1708　　　　　　　1709　　　　　　　1710

1708 德国炼金术士约翰·伯特格尔发明了硬质瓷（最初时，陶瓷的生产似乎只是中国人的专利）。

1709 英国钢铁工人亚伯拉罕·达尔比提出用焦炭炼铁。

航　海

对于航行在海上的船员来说，清楚航向和确切的地理方位是非常重要的。虽然罗盘可以指明方向，但是要确定在海上的具体方位却很难实现。

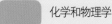 六分仪可以帮助船只确定其是在赤道南边还是北边。

时间轴

1710 – 1715 年

分类：

- 天文学和数学
- 生物学和医学
- 化学和物理学
- 发明和工程学

1710 法国化学家瑞尼·瑞欧莫发明出一种完全由玻璃纤维构成的织物。

1712 英国工程师汤玛斯·纽科门发明了一种使用活塞的常压蒸汽机。

1710　　　　　　　**1711**　　　　　　　**1712**

1711 意大利博物学家路易吉·马歇尔里发现珊瑚其实是一种动物，此前珊瑚一直被认为是植物。

1712 意大利数学家乔瓦尼·塞瓦将数学原理运用到经济学上。

纬度是通过描述位于赤道以北或以南的实际距离来指明方位的。它以度为单位，比如费城位于大约北纬40°。纬度可以通过测量特定天体与地平面之间的角度得到，也可以查询天文表或年鉴。

夜晚时的北极星和正午时的太阳与地平面之间的角度都是可以通过测量或查询得到的。早期的水手使用了各式各样的工具测量这种角度，比如直角器。使用直角器时，水手沿着一根1米的长棍看过去，同时移动横档直到长棍的低端与地平线持平，高端与目标星体或太阳重合。直角器上标有度数，这样水手可以直接读出当前的角度。1330年，法国科学家列维·本·格尔绍姆（1288-1344）第一次描述了直角器的使用，此后一直沿用到18世纪。

航海家的测量工具

1594年,英国水手约翰·戴维斯（约1550-1605）发明了反向高度观测仪，它可以在相反的方向进行测量，因此操作的时候无需直视太阳。

时间轴

1594年 反向高度观测仪

1731年 八分仪

1735年 航海经线仪

1757年 六分仪

1759年 哈里森发明了经线仪，并以此获得巨额奖励。

13世纪诞生的波特兰海图为水手们提供了一份海岸线指南。

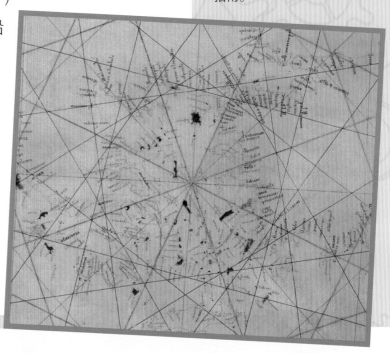

1714 英国工程师亨利·米尔发明了打字机。

1715 英国钟表匠约翰·哈里森发明了一种上一次发条可以管8天的钟。

1713　　　　1714　　　　1715

1714 法国医生多米尼克·阿内尔发明了尖头注射器用于医疗。

1714 英国政府开出两万英镑的巨额奖励发明海上经度测量之法的人，直到1759年这笔巨奖才被人领走。

六分仪的工作原理

航海家一般使用六分仪测量太阳（或比较显著的天体）与地平面之间的夹角，然后通过天文表换算成航海家所需要的纬度。其中指标镜（实质是一面反射镜）将光线反射到地平镜上。这面半反射的镜子再将光线沿着一部望远镜反射到观察者的眼中。观察者需要看着与地平面持平的地平镜的反射面，并调节指标镜的角度，直到光线可以水平进入人眼。此时活动臂所指示的刻度就是太阳与地平面之间的夹角。

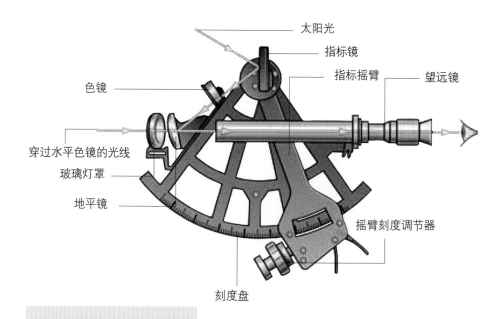

太阳光
指标镜
指标摇臂
望远镜
色镜
穿过水平色镜的光线
玻璃灯罩
地平镜
摇臂刻度调节器
刻度盘

↑ 这幅图展示了六分仪的核心部分。左边方框中的内容解释了六分仪工作的原理。

象限仪是一种与之类似的仪器，不仅被天文学家所采用，炮手也会用它来设定正确的角度开炮。

随后的 1731 年，英国数学家约翰·哈德利（1682–1744）发明了八分仪，在当时被错误地称为"哈德利的象限仪"。无独有偶，费城的英裔美国发明家托马斯·戈弗雷（1704–1749）独立发明了几乎与八分仪完全一样的仪器。八分仪上有一个回转臂，回转臂上装有一面反射镜，移动回转臂转动镜子使太阳的像与另一面反射镜成一条直线。

第二面反射镜与地平线平行。八分仪所能测量的最大

时间轴

1715–1720 年

分类：

天文学和数学
生物学和医学
化学和物理学
发明和工程学

1716 英国天文学家爱德蒙·哈雷发明了潜水钟，使得工人们能够在水下作业。

1716 法国工程师休伯特·戈蒂埃出版了一部对桥梁设计颇具影响的书。

1717 英国天文学家亚伯拉罕·夏普将 π 值计算至小数点后 72 位。

1715

1716

1717

1716 北美洲第一座灯塔在波士顿港建成。

1717 意大利医生乔瓦尼·兰西斯认为疟疾是因蚊虫叮咬所致。

角度是 45 度，这对于苏格兰海军军官约翰·坎贝尔（约 1720-1790）在 1757 年发明的六分仪（最大测量值为 60 度）来说只是信手拈来的事情。在那 250 年里，八分仪一直是标准的导航工具，甚至一度应用到航空器上，直到无线电信标和 GPS（全球定位系统）出现后才被彻底取代。

↑ 六分仪还被用于检测现代导航系统的准确性。

↓ 虽然六分仪如今的设计更加现代化，但是基本技术却还是和 1757 年被发明时完全一样。六分仪通过测量天体的位置来确定使用者的具体方位。

经度的确定

召开于 1884 年的一次国际会议决定将穿越伦敦格林尼治皇家天文台的格林尼治子午线作为本初子午线（零度经线）。因此地球上的任何一点的位置都位于格林尼治子午线的东边或西边。后来证实，经线

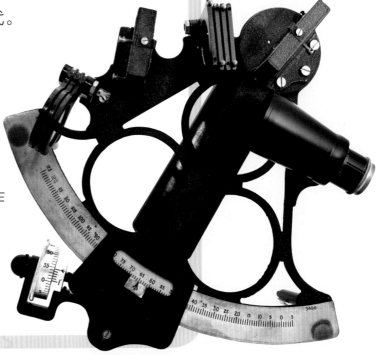

1718 英国天文学家爱德蒙·哈雷证实了行星的自行运动，即行星相对于太阳的缓慢运动。

1719 英国数学家布鲁克·泰勒在《线性透视原理》一书中提出没影点理论。

1718

1719

1720

1718 法国数学家亚伯拉罕·棣莫佛发表了一部关于概率的专著《机会的学说》。

1718 英国发明家詹姆斯·帕克尔设计出一种燧发式半自动枪。

1719 德国雕刻师雅科布·克里斯托弗·勒博龙发明四种颜色的彩色印刷技术，包括蓝、黄、红、黑四种颜色。

→这些圆盘被用来将六分仪读数转化为航海坐标。

的计算远比纬度的确定复杂得多。

几个世纪以来，水手们一直在测量月球和其他星体之间的夹角，同时查询星历表获得月球每日的具体方位。1474年，德国天文学家约翰·缪勒（1436-1476）制定了最早的天文表。1766年，英国天文学家内维尔·马斯基林（1732-1811）在前人研究的基础上发表了《航海年历》，随后每年都对其进行修改。

解决经度问题的关键在于找到一种准确计量时间的方法，因为在不同经度的地方时间也不一样，例如伦敦正值夜晚12点时，费城（约西经75°）却是早上8点。因此当我们已知一个给定的地方的时间，并且此时正值伦敦正午，我们就可以计算出当地的经度。经线仪可以完成这种计算，这是一种精确度极高的仪器。1714年，英国政府开出两万英镑的奖金奖励发明这种仪器的人。设计这种海钟时面临着一个挑战，要求在往返西印度群岛的长达六周的航行后，钟的快慢误差不能超过两分钟。

英国钟表匠约翰·哈里森（1693-1776）最后赢得了

时间轴

1720-1725 年

分类：

天文学和数学
生物学和医学
化学和物理学
发明和工程学

1720 意大利乐器制造师巴托罗密欧·克里斯多佛利发明了古钢琴。

1721 美国医生札布迪尔·博伊斯通在美国进行了第一次天花接种。

1720 英国发明家克里斯多夫·彭齐贝克制造出一种铜和锌的合金，叫作金色铜，外形酷似黄金，常被用于制作钟表和珠宝。

1720　　　　　1721　　　　　1722

大奖，1735 年他发明了航海经线仪。但是最终为其赢得奖金的是他在 1759 年发明的第四代产品，当时哈里森只拿走了一半奖金，因为政府决定保留另一半奖金直到哈里森证明他可以复制出这种仪器。直到 1773 年英王乔治三世为哈里森辩护后，他才领取到剩余的另一半。

↑这块石头是本初子午线（零度经线）的标志，位于英格兰格林尼治。

经度的确定

确定船只的东西方位需要使用经线仪。如果船只在格林尼治的正午时分开出，经线仪的时间设定为 12 点。5 天过后来到某一位置，当地时间为正午，此时经线仪显示时间为下午四点。

这时可视为地球从格林尼治的 12 点开始已自转了 4 小时。4 小时可代表地球自转了 1/6 圈，或者说旋转了 60°。

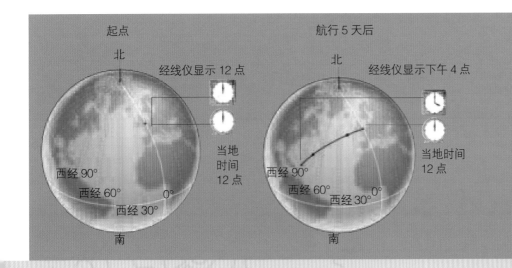

起点
北
经线仪显示 12 点
当地时间 12 点
西经 90°
西经 60°
0°
西经 30°
南

航行 5 天后
北
经线仪显示下午 4 点
当地时间 12 点
西经 90°
西经 60°
0°
西经 30°
南

《在这种情况下，船位于西经 60°。

1724 彼得大帝建立了彼得堡科学院。

1725 德国物理学家约翰·亨里奇·舒尔兹发现某些银盐在日光下会变暗，这一发现极大地推动了摄影术的发展。

1723 —— 1724 —— 1725

1723 法国工程师尼古拉·拜恩编写了一部测量仪器目录，该目录至今仍在使用当中。

1724 荷兰科学家赫尔曼·布尔哈夫出版了《化学原理》一书，这是第一部基础化学教科书。

1725 法国钟表匠安托尼西奥发明了一种能够显示太阳日的钟。

本杰明·富兰克林

本杰明·富兰克林对推动美国发展起到了举足轻重的作用。他不仅在物理学领域卓有建树，同时还是一位极具天赋的发明家。

➡️ 据说富兰克林曾将一只风筝飞进暴风雨里，用这个方法来检测闪电的性质。

时间轴

1725 - 1730 年

分类：

 天文学和数学

生物学和医学

化学和物理学

发明和工程学

1725 苏格兰金匠威廉·格德发明了铅版印刷，一块字模可印制一整张书页。

1727 瑞士数学家莱昂哈德·欧拉提出用"e"表示自然对数的底数。

1725

1726

1727

1726 英国发明家乔治·格拉汉姆发明了水银柱钟摆，当温度发生变化时，钟摆的长度能够保持恒定。

1727 英国植物学家史蒂芬·黑尔斯编写了第一部关于植物生理学的书——《植物志》。

富兰克林出生在波士顿，家中共有 16 个兄弟姐妹，他 10 岁的时候就离开了学校。两年以后，富兰克林跟随同父异母的哥哥詹姆斯学习印刷。18 岁的时候，富兰克林接管了整个《新英格兰周报》，这是一本由詹姆斯创立的周刊。但是富兰克林并没有长期停留在报纸上，后来他来到费城，成了一名印刷商。1724 年，富兰克林远赴英格兰，两年后回到波士顿，并在 1733 年出版了《穷查理年鉴》第一卷，书中收集了有关各类主题的文章，他希望能在普通人中传递智慧。富兰克林的办公室遍布各处，1776 年他协助起草了《独立宣言》。在美国革命中，富兰克林来到法国呼吁欧洲人民支持美国独立事业。1783 年，富兰克林在巴黎第一次观看到孟戈菲兄弟的热气球飞行。此外，富兰克林还坚定地支持废除奴隶制度。1788 年，富兰克林不再参与公众事务。

→ 作为一名政治家，富兰克林后来成为美国的建国功臣之一。

富兰克林与电

富兰克林在一生中进行了大量的科学实验，最知名的要

时间轴

1733 年 《穷查理年鉴》第一卷出版。

1742 年 富兰克林火炉

1752 年 风筝实验和避雷针

1784 年 双光眼镜

1728 英国钟表匠约翰·哈里森发明了格架摆，使得钟摆的长度不会受到温度影响。

1729 英国物理学家史蒂芬·格雷区分出导体和绝缘体。

1728

1729

1730

1728 美国博物学家约翰·巴特拉姆在费城附近开放了第一个植物园。

1728 法国牙医皮埃尔·福沙尔发明了牙钻，并进行了第一次牙齿填充。

1730 法国外科医生乔治·马丁操刀了第一次气管切开术，即在气管上开孔的手术。

家居生活发明

在家居生活层面，富兰克林发明了安乐椅。1742 年又发明了富兰克林火炉，这种火炉在地板下面埋着一根通风管。富兰克林阅读时需要眼镜，并且看距离不同的东西要使用不同的眼镜。频繁地更换眼镜让富兰克林觉得十分苦恼。约 1784 年，富兰克林发明了双焦眼镜。这种眼镜的两组镜片是分离的，上面的一组用作远视，下面的一组用作近视。为了减少黄昏时家庭燃料的消耗，富兰克林还提出了夏时制。

数他在 1752 年完成的风筝实验，这是人类历史上最危险的实验之一。

富兰克林将一把金属钥匙绑在弄湿的风筝线上，然后在雷雨中让风筝飞上天。沿着风筝线传输来的电流在钥匙和莱顿瓶（一种原始的电容器）间不断闪烁着火花。富兰克林证明了闪电也具有电的属性。此外他还用"positive（正电）"和"negative（负电）"分别代表两种静电。

↑富兰克林发明了双焦眼镜，既能看远处的物体也能看近处的物体。

一些欧洲科学家曾经尝试再现这种实验，无奈都被雷电击中身亡。富兰克林发明了避雷针，他把一个尖头的导体固定在建筑物的顶部，然后通过粗金属丝把屋顶的导体与埋在地下的金属板连接起来，这样就可以避开雷电的伤害。今天我们看到很多高层建筑都安装有

时间轴

1730－1735 年

分类：

- 天文学和数学
- 生物学和医学
- 化学和物理学
- 发明和工程学

1730 英国数学家约翰·哈德利发明了一种导航工具——象限仪。

1731 英国农学家杰思罗·塔尔在一本书中提出了某些现代农业方法。

1730

1731

1732

1730 法国化学家瑞尼·瑞欧莫制作出一种酒精温度计。

1731 英国天文学家约翰·贝维斯发现了蟹状星云。

1732 法国物理学家亨利·皮托发明了皮托管，可用以测量气流的速度。

避雷针。富兰克林还创立了关于雷云带电的理论，此外，他还发现北极光（出现在北极地区天空中的一种光）本质上是一种电。

富兰克林的其他科学兴趣

富兰克林的科学兴趣广泛。与很多同龄人的观点不一样，富兰克林反对牛顿的光的微粒说，支持罗伯特·胡克等人提出的光的波动说。富兰克林认为靠近温暖地面的空气受热速度快，因此会扩张并呈螺旋状上升，形成龙卷风或水龙卷。富兰克林还研究了墨西哥湾流，这是一股穿越大西洋的

温暖海流，他认为船长们在海上航行时应该时刻注意海水的温度，充分利用这股暖流，或者避开海流的影响，这些都取决于航行的方向。1824 年，费城成立了以他的名字命名的富兰克林学会。

这幅剖面图说明了暖气管形成的反向气流使得富兰克林火炉具有更高的燃烧效率。

1733 英国工程师约翰·凯发明了飞梭，加快了编织的速度。

1734 法国化学家瑞尼·瑞欧莫撰写了《回忆录》一书，该书被视为昆虫界的自然历史，并创立了昆虫学。

1735 瑞典博物学家卡尔·林奈把事物划分为三类: 动物、植物和矿物。

1733　　　　　　1734　　　　　　1735

1733 法国数学家亚伯拉罕·棣莫佛发现了正态（钟形的）分布曲线，这已成为统计学研究中的重要内容。

1734 瑞典科学家伊曼纽·斯威登堡编写了《矿物界》，介绍了采矿和冶炼金属的技术。

蒸 汽 机

从前人们主要依靠风、水或动物提供动力，这种时代直到蒸汽机被发明之后才慢慢结束。1765 年，詹姆斯·瓦特改良了蒸汽机，推动蒸汽时代到达巅峰。

↓ 人们使用蒸汽机驱动水泵将矿井中的水抽到地面。

时间轴

1735 – 1740 年

分类：

- 天文学和数学
- 生物学和医学
- 化学和物理学
- 发明和工程学

1735 西班牙科学家安东尼奥·乌略亚在南美洲发现铂元素。

1735 英国物理学家史蒂芬·格雷提出闪电是一种放电现象。

1737 瑞士化学家乔治·勃兰特发现钴元素，这是人类自古代以来首次发现的全新的金属元素。

1735

1736

1737

1735 英国钟表匠约翰·哈里森发明了经线仪，这是一种准确度极高的仪器，可以用于海上测量经度。

1736 法国测量专家亚历克西斯·克劳德·克莱罗测量出子午线的 1° 所代表的长度，从而可以精确计算地球的大小。

最早的蒸汽机称为常压蒸汽机更为合适，因为它利用了大气压力。法国物理学家丹尼斯·帕潘最早发明了这种蒸汽机。它是一个垂直放置的两端开口的气缸，气缸中是一个紧贴气缸内壁的活塞，气缸底部和活塞之间装有水。用火加热气缸底部使气缸中的水沸腾并蒸发，水蒸气将活塞推起，当气缸冷却的时候活塞仍然保持被推起的状态。当水蒸气重新凝结成水后，气缸中形成局部真空，这时大气压力作用于活塞上部将其推回原来的位置。通过蒸汽和大气压力推动活塞做往复运动，从而牵动活塞上的绳子穿过滑轮提升重物或驱动水泵。

萨弗里的蒸汽泵

1698 年，英国工程师托马斯·萨弗里将常压蒸汽机改良成实用的蒸汽泵，并申请了专利。这种蒸汽泵没有活塞，也没有其他运动部件，只有一个手动阀控制着蒸汽泵的连续运转。蒸汽由额外的锅炉烧制好后进入工作室，然后在工作室外喷射冷水使蒸汽冷凝。蒸汽冷凝形成的部分真空将水经过单向阀引入工作室，随后蒸汽重新进入工作室通过单向阀将水挤出和重新引入。

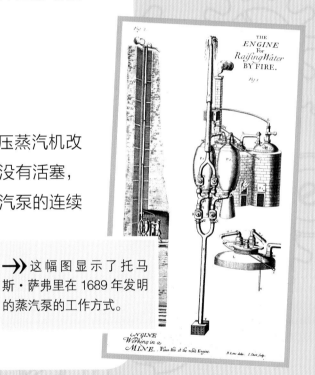

➡️ 这幅图显示了托马斯·萨弗里在 1689 年发明的蒸汽泵的工作方式。

时间轴

1690 年 帕潘的早期蒸汽机

1698 年 萨弗里常压蒸汽泵

1712 年 纽科门常压蒸汽泵

1765 年 瓦特发明了带有外部冷凝器的蒸汽机。

1801 年 特里维西克高压蒸汽机

1738 英国发明家路易斯·保罗发明了一种梳理羊毛的机器，可将羊毛梳理成整齐平行的纤维。

1738 英国冶金学家威廉·钱皮恩开发了一套从锌矿中提炼锌的工业流程。

1740 英国冶金学家本杰明·亨兹曼研发了成批冶炼坩埚钢的工艺。

1738　　　　　　　　1739　　　　　　　　1740

1738 瑞士科学家丹尼尔·伯努利认为，如果气体也是由微粒构成的就可以解释各种气体现象。

纽科门蒸汽机

在纽科门蒸汽机中，用锅炉烧制的蒸汽迫使开放气缸中的活塞向上运动，随后冷水喷射到气缸中使蒸汽冷凝，从而形成局部真空，局部真空对活塞产生吸拔的效果使活塞往下运动。活塞连接着一根长梁的一端，另一端连接着水泵。随着活塞不断做上下运动，长梁就可以推动水泵持续工作。

➡️ 与常压蒸汽机不同的是，纽科门蒸汽机将蒸汽直接作用于活塞。

1712 年，英国工程师托马斯·纽科门改良了蒸汽机，首次使用蒸汽压力推动活塞，一般称之为横梁机。但是纽科门无法为这项技术申请专利，因为技术原理与托马斯·萨弗里的设计原理过于相似，于是两人联合起来，成为了合作伙伴。

1764 年，苏格兰工程师詹姆斯·瓦特维修了一台纽科门蒸汽机，这是一个历史性的开端，人类从此进入蒸汽时代。

瓦特认为纽科门蒸汽机造成了大量的能量损耗，因为先对气缸加热后又要将其冷却。1765 年，瓦特在原来基础上添加了一个独立的外部冷凝器。

此外，瓦特先将蒸汽作用于活塞的一面使其运动到气缸的一端，之后用低压蒸汽作用于活塞的另一面，从而将活塞推回。

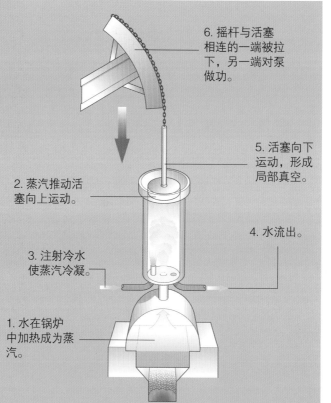

6. 摇杆与活塞相连的一端被拉下，另一端对泵做功。

2. 蒸汽推动活塞向上运动。

5. 活塞向下运动，形成局部真空。

4. 水流出。

3. 注射冷水使蒸汽冷凝。

1. 水在锅炉中加热成为蒸汽。

时间轴

1740–1745 年

分类：

- 天文学和数学
- 生物学和医学
- 化学和物理学
- 发明和工程学

1740 瑞士博物学家查尔斯·邦尼特观察到蚜虫的孤雌生殖，即雌性在未受精的情况下完成生殖。

1742 美国科学家本杰明·富兰克林发明了一种以木材为燃料的火炉。

1740

1741

1742

1741 瑞典工程师克里斯多夫·普尔海姆发明了一种制造齿轮的机器。

1742 瑞典天文学家安德斯·摄尔修斯提出摄氏温标。

活塞的这种往复式运动大大提高了蒸汽机的效率。

← 由于纽科门蒸汽机和摇臂体积庞大，所以很容易就占满了整间房屋。

特里维西克蒸汽机

1800 年，蒸汽机得到新的发展，此时瓦特的蒸汽机专利已经过期。第二年，英国发明家理查·特里维西克开始制造复动式高压蒸汽机。

↓ 理查·特里维西克发明了复动式高压蒸汽机，效率极高。

特里维西克去掉了独立冷凝器，使用废蒸汽预热即将进入锅炉的水。四年时间里，特里维西克总共制造了近 50 台蒸汽机，这些机器主要用在英国的矿井中，后来还在南美洲的一些国家得到应用。

尽管人们努力创新，但是早期的蒸汽机输出的都是上下运动。可是当时除水泵以外的大部分机器需要的是旋转运动。在蒸汽机出现以前，人们主要通过水轮获得这种旋转运动。1781 年，詹姆斯·瓦特发明了太阳系型曲柄齿轮传动装置，最终成功地从蒸汽机中输出了旋转动力。

1743 美国哲学学会成立。

1743 英国金属工人托马斯·布尔索弗制造出"谢菲尔德餐具"，这些金属器皿由铜做成，外表覆盖着一层很薄的银。

1745 法国外科医生雅克·达维尔成功通过手术为病人去除了白内障。

1743　　　　　　1744　　　　　　1745

1743 英国数学家托马斯·辛普森提出了一种系统方法，该方法可以计算周边为曲线区域的面积。

1745 俄国科学家米哈伊尔·罗蒙诺索夫编撰了一部包含 300 多种矿物质的目录。

詹姆斯·瓦特

詹姆斯·瓦特是人类历史上最伟大的工程师之一，他发明了第一台实用蒸汽机，并用于纺织厂和矿井排水。

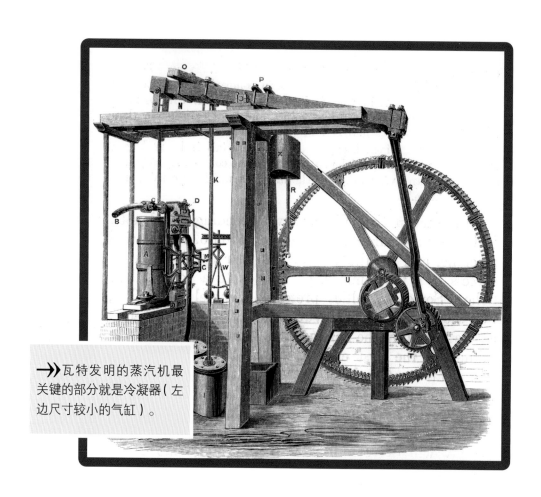

→ 瓦特发明的蒸汽机最关键的部分就是冷凝器（左边尺寸较小的气缸）。

时间轴

1745 - 1750 年

分类：

 天文学和数学

生物学和医学

化学和物理学

发明和工程学

1745 荷兰物理学家彼德·马森布罗克发明了莱顿瓶，这是一种简易电容器。

1747 法国神父诺莱发明了静电计，这是一种测量电荷的仪器。

1745

1746

1747

1746 英国化学家约翰·罗巴克发明了铅室法制作硫酸。

1747 苏格兰医生詹姆斯·林德试验柑橘类水果是否能预防英国皇家海军中流行的坏血病。

←←传说中瓦特发明蒸汽机是看到茶壶中的水被煮沸而得到的灵感。

詹姆斯·瓦特（1736－1819）是苏格兰的一名工程师，他从身为木匠的父亲身上学到了各种专业技能。

1755 年，瓦特在伦敦跟随一名科学仪器制造商学习。两年后，瓦特被指定为格拉斯哥大学的仪器制造商，同时他也制造仪器供自己使用。

改良蒸汽机

1764 年，格拉斯哥大学有一台纽科门蒸汽机需要维修，瓦特受邀前去修理。检查完蒸汽机后，瓦特发现机器先要用蒸汽加热，然后再往气缸上喷洒冷水使气缸内的蒸汽冷凝，这种反复的加热和冷却浪费了大量的能量。

1765 年，瓦特制造的新型蒸汽机解决了这一难题，他

时间轴

1765 年 瓦特发明带有独立冷凝器的蒸汽机。

1769 年 瓦特为蒸汽机申请了专利。

1775 年 瓦特开始与马修·博尔顿合作。

1781 年 瓦特发明了太阳系型曲柄齿轮传动装置。

1782 年 复动式蒸汽机

1788 年 离心调速器

↑詹姆斯·瓦特在实验室里做实验。

1748 苏格兰医生约翰·福瑟吉尔第一次描述了白喉。

1750 法国天文学家勒让蒂尔发现了位于人马座的三叶星云。

1748　　　　　　　　　　1749　　　　　　　　　　1750

1748 英国天文学家詹姆斯·布拉德雷发现了地球的章动，即地球绕轨道运行时地轴出现的类似于轻微点头的现象。

1749 卡尔·林奈提出给动植物命名的双名法，即属名和种名。

↑为了纪念瓦特，国际单位制中功率的单位以瓦特的名字命名。

把气缸内的蒸汽导入到一个独立的冷凝器中，这样能够保证气缸一直处于受热状态，机器效率提高了3倍。

后来瓦特来到了英格兰，并在1775年开始与马修·博尔顿合伙生产瓦特蒸汽机，他在1769年为其申请了专利。1776年生产的首台机器后又经过了5年的改进和发展才达到可以量产的标准，这其中瓦特一直在与侵犯自己知识产权的人做着法律斗争。他所生产的大部分机器都被用作水泵，代替了那些在锡矿和铜矿中工作了长达50年的纽科门机器。

不断改进

瓦特一直在持续不断地改进他所发明的蒸汽机。为了将蒸汽机输出的上下运动转化成旋转运动，瓦特在1781年发明了太阳系型曲柄齿轮传动装置和曲柄连杆系统。这些创新使得机器能够有效地应用于机床、织布机以及起重设备。

1782年，瓦特发明了一种双动式蒸汽机，即蒸汽从活塞的两端交替进入气缸，使得蒸汽能够作用于活塞的每一次运动。1788年，瓦特又设计出离心调速器来控制机器的运行速度。1790年，瓦特发明的压力表宣布了他对自己发明

时间轴
1750–1755年

分类：

- 天文学和数学
- 生物学和医学
- 化学和物理学
- 发明和工程学

1751 在一次前往好望角的远征中，法国天文学家尼可拉·路易·德·拉凯叶的观察结果使得人们可以精确计算出地球和月球之间的距离。

1752 美国科学家本杰明·富兰克林通过著名的风筝实验证明了闪电的电属性。

1750　　　　　　　　1751　　　　　　　　1752

1750 德国工程师约翰·泽格纳发明出一种水轮，轮子由一段水柱驱动。

1751 瑞典化学家阿克塞尔·弗雷德里克·克龙斯泰特发现了镍元素。

1752 法国化学家瑞尼·瑞欧莫发现了胃液如何在消化过程中发挥作用。

瓦特发明了一种机器可以复制古代人半身像，比如这个亚里士多德像。

的机器所做的最终改进。

到 18 世纪末，各行各业所使用的瓦特蒸汽机数量达到将近 500 台。这些机器的输出功率用马力衡量，这是瓦特另一大发明。除蒸汽机以外，瓦特在发明上还取得了别的成就，比如一种使用特殊墨水复制公文的方法。瓦特在 1780 年为其申请了专利，这种技术被称为胶版印刷。瓦特还发明了一种雕刻机，可以用来复制人像。

1794 年，瓦特和博尔顿联手成立了一家新公司。1800 年，瓦特正式退休，有幸的是他看到儿子小詹姆斯·瓦特在 1817 年成功为"喀里多尼亚号"制造了蒸汽引擎，这是第一艘离开英国港口的远洋汽船。

瓦特发明的离心调速器可以确保机器不至于转速过快。

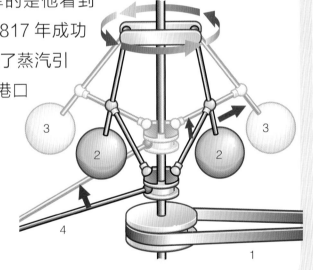

离心调速器

瓦特发明了离心调速器来控制蒸汽机。蒸汽机通过皮带带动调速器上一根垂直的轴。通过离心力，轴的转动使得重物向外抛出并跟随旋转。随着重物的转动会产生一个向上的力将杠杆上提。杠杆通过控制阀门来调节进入气缸的蒸汽量。减少蒸汽量就会使蒸汽减速；当机器减速时，杠杆又会逐渐下落，从而打开阀门向气缸输入更多蒸汽。这就是典型的反馈控制系统。

1755 德国哲学家伊曼努尔·康德提出一套理论，他认为太阳系形成于一个旋转着的气体星云，而且我们所在的银河系只是宇宙中众多星系中的一个。

1753　　　　　　　　　　1754　　　　　　　　　　1755

1753 苏格兰工程师查尔斯·莫里森发明了一种 26 根电线的电报（每一根线代表字母表中的一个字母）。

纺 织 品

纺织机械处于工业革命的前沿。在短短 70 年内，西方的纺织工业就已经实现了全部机械化。

↑织布机抬起经纱，使纬纱在它们之间穿梭。

时间轴
1755–1760 年

分类：

- 天文学和数学
- 生物学和医学
- 化学和物理学
- 发明和工程学

1756 英国工程师约翰·斯米顿发明了"水硬性石灰"，一种可以在水中硬化的水泥。

1757 英国工程师亨利·贝瑞修建了桑基运河，这是人类历史上第一条现代运河。

1755

1756

1757

1757 英国钟表匠托马斯·麦基为手表发明了一种杠杆式擒纵机构，并于 1770 年首次使用。

机械纺车的发展对纺织行业的机械化至关重要，人类从手工纺车过渡到机械纺车花了超过 600 年的时间。从那之后，纺织行业机械化的进程逐渐加快。

纺织机械的第一个突破是卷线杆的发明，卷线杆是一根长棒，长棒上松散地包裹着羊毛。

纺纱工（在大多数国家中通常都是女性）将卷线杆搁在手臂下方，织出一股股的羊毛，纺纱工再用另一只手将这些羊毛卷起来。纺出的羊毛线缠绕在卷线杆尾部的旋转轴上。现在的历史学家们发现，美索不达米亚人在 7500 年前就使用过卷线杆，这和轮子共同成为了人类已知最早的发明。

↑如同羊毛纤维一样，要使用棉纤维就必须先捻入纱线中。

时间轴

13 世纪 纺车

1733 年 飞梭

1764 年 珍妮纺纱机

1769 年 细纱机

1779 年 走锭纺纱机

1785 年 蒸汽动力织布机

➡纺车上带有脚踏板，让纺纱妇女们可以坐着工作。

1758 哈雷彗星再次出现，印证了埃德蒙·哈雷早在 1682 年的预测。

1758 英国纺织工杰迪代亚·斯特拉特发明了制作袜子的织袜机。

1758　　　　　　　1759　　　　　　　1760

1758 法国天文学家查尔斯·梅西耶再次发现蟹状星云，并在他的星云目录上将其命名为 M1。

1758 德国化学家安德烈亚斯·马格拉夫将阻燃测试引入化学分析（不同的元素燃烧时产生不同的颜色）。

织布机

织布机由一个框架组成，框架起到紧绷平行经纱（纵向）集的作用。纬纱（横向）缠绕在滑梭上，织工就在纵向线程的一进一出中进行自己的工作。另一个框架（综线）撑起垂直落下并绕成环状的线，经纱在其中移动。受踏板控制的综框撑起不同组合的经纱，从而织出不同的织物。

→ 此图显示了织布机的一部分，成品布由织布机下方的滚轴织成。

制作纱线

纺车采用大立轮来纺制纱线，这项技术自 13 世纪就开始在欧洲普遍使用，它简化了织工的工作。纺车有一个皮带驱动旋转的主轴，织工从一根垂直的卷线杆拉出一缕缕的羊毛。工作时，织工要用手转动纺纱机，但在 16 世纪时，这一步骤也被机械取代了（加装了脚踏装置）。脚踏板的摆动可以带动纺纱机工作。

18 世纪时的工业革命早期，诞生了两项重大的技术进步。英国机械师詹姆斯·哈格里夫斯（1720–1778）在 1764 年发明了珍妮纺纱机，并于 1770 年注册了专利，

↑ 珍妮纺纱机使织工同时处理多股纱线。

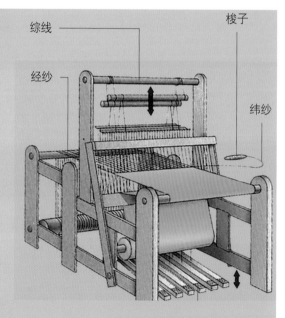

综线

经纱

梭子

纬纱

时间轴

1760–1765 年

分类：

天文学和数学

生物学和医学

化学和物理学

发明和工程学

1760 瑞士物理学家约翰·兰伯特制定朗伯定律，阐明了对角和反射光亮度的原理。

1761 英国工程师詹姆斯·布林德利完成英格兰曼彻斯特附近布里奇沃特运河的建设。

1762 法国开设了世界上第一个国家兽医学院。

1760

1761

1762

1761 俄罗斯科学家米哈伊尔·罗蒙索夫观察到金星穿越太阳，并推断金星有大气层。

1761 意大利医生乔瓦尼·莫干开创病理科学，研究疾病产生的病理原因。

◀◀━塞缪尔·克朗普顿的走锭纺纱机可以同时生产 48 股细纱线。

英国人理查德·阿克莱特（1732-1792）于 1769 年发明了细纱机。珍妮纺纱机最初是用手来驱动的，主要生产毛线（第一台机器每次可产出 8 股纱线）。细纱机由水轮驱动（早期的羊毛和棉花作坊建在溪流边上就是这个原因），织成的棉纱牢固结实，可以用作编织时的经纱。

1779 年，英国织工塞缪尔·克朗普顿（1753-1827）整合了珍妮纺纱机和细纱机的优点，发明了著名的走锭纺纱机，它可以同时生产 48 股细纱线。走锭纺纱机原意为"纺骡"，是因为它是上述两种机器的混合体（骡是由马和驴杂交而来的）。

1764 英国机械师詹姆斯·哈格里夫斯发明了珍妮纺纱机，可同时纺织多个线程的棉花或羊毛。这个发明对工业革命有着重要的意义。

1764 意大利出生的法国数学家约瑟夫·拉格朗日解释为什么通过月球的运动可以观察到月球 50% 以上的表面。

1763　　　　　　　1764　　　　　　　1765

1763 德国植物学家约瑟夫·科尔勒特发现了昆虫的授粉作用。

1764 法国工程师皮埃尔发明了一种新的道路修建体系。

粗纱被织成细线

原则上,所有机器的运转原理都是一样的。纺织纤维(也称粗纱)一般被缠绕在旋转的纱锭上,而纱锭固定在织机框架上。框架首先将粗线向外拉伸,并缠绕成纱线,当纱线缠绕在卷线筒上后纱线收回。1828年后,棉花纺织加工通常由美国约翰·索普发明的环式细纱机进行。粗纱经过一套高速拉伸辊被加工成细线。每个线程再通过一个孔,对线程进行扭转处理的同时快速缠绕到垂直的卷线筒上。

机械化织布

织工将粗纱织成细线后,还需将这些线纺到一起成为布,这就是织布机的作用。简单地说,织机就是一个框架,撑起了一组细线,叫作经纱。织工将经纱和纬纱垂直地编织到一起,其中纬纱缠绕在一个舟形的物体上,叫作梭子。对织机的第一次改进就是增加了一个拨开纬纱的细绳,从而使其能快速地通过梭子。后来织工们又增加了踏板来带动细绳工作。

只需少数几名工人就能打理整个工厂的纺纱机。

时间轴

1765 - 1770 年

分类:

 天文学和数学

生物学和医学

化学和物理学

发明和工程学

1765 世界上第一个矿业学院在德国弗赖堡成立。

1766 法国化学家皮埃尔·约瑟夫出版了第一部系统的化学字典。

1765   1766   1767

1765 美国科学家约翰·温思罗普试图计算出彗星的质量。

1765 苏格兰工程师詹姆斯·瓦特建造了一个带有单独冷凝器的蒸汽机。

1766 英国科学家亨利·卡文迪许确认了氢气的存在,并称之为"易燃空气"。

↑ 孩子们步行到工厂上班，他们的工作是操作机器。

1733 年英国工程师约翰·凯（1704-1780）发明飞梭后，织布的速度大大加快了。飞梭是一种加快通过纬线梭子速度的装置。随后，织机实现了机械化，起初织机的动力由水力提供，但在 1785 年英国发明家埃德蒙·卡特赖特（1743-1823）发明了第一个蒸汽动力织机之后就由蒸汽机驱动。

各种纺织模式

想用纺织机织出样式不同的布，取决于综线所提供的不同组合的纬线。这里展示的组合有：
1. 棉缎；
2. 绸缎；
3. 斜纹；
4. 平纹。

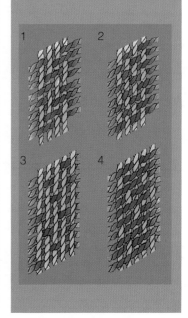

1769 英国制造商理查德·阿克莱特制成了能织造更结实棉线的细纱机。

1769 英国探险家詹姆斯·库克带领的探险队前往塔希提观察金星凌日现象。

1768　　　　　　1769　　　　　　1770

1768 法国化学家波美发明了一种液体比重计和新的密度标度体系。

1769 英国化学家约瑟夫·普里斯特利制定了他的第一个关于电力性质的定律。

1770 英国化学家约瑟夫·普里斯特利发明了擦铅笔的橡皮。

农业机械

农业生产一直沿用着古代的科技，直到18世纪末发明了铸铁犁铧。

➜ 这个联合脱粒机需要30匹马拉动，4个人共同操作。

时间轴

1770–1775 年

分类：

天文学和数学

生物学和医学

化学和物理学

发明和工程学

1771 意大利医生路易吉·格鲁法尼展示了被解剖青蛙在被电刺激时的肌肉。

1772 英国化学家丹尼尔·卢瑟福发现了氮。

1770

1771

1772

1770 法国钟表匠亚伯拉罕–路易·伯特莱发明了自动上弦的手表。

1772 法国矿物学家罗美德利尔认为晶体各面之间有恒定的夹角。

1772 瑞典化学家舍勒发现了氧气，但直到1777年才公布他的发现。

英格兰和美国分别于 18 世纪 80 年代和 90 年代发明了铸铁犁铧。铸铁犁铧采用马拉的方式，所以相比木犁能将地耕得更深。由纯铸铁制成的犁于 1819 年诞生，并由美国实业家约翰·迪尔于 1839 年进行大规模生产。1862 年，荷兰农民使用蒸汽动力的绞车在田间耕地。其他农民则使用蒸汽拖拉机来耕作。

↑ 这幅图描述了 18 世纪农业生产的情景，有犁、滚筒、耙、条播机。

收获阶段

1701 年发明的播种机使播种的工作也变得机械化。

收获后，某些作物还要进行脱粒才能得到粮食，如小麦等。到 1786 年，脱粒的工作也被机械化了。最后一项被机械化的主要农业生产过程是作物收割。

时间轴

1701 年 机械播种机

1785 年 铸铁犁铧

1786 年 脱粒机

1819 年 铸铁犁铧

1834 年 收割机

1838 年 联合收割机

1878 年 作物捆绑机

1908 年 蒸汽履带拖拉机

1935 年 作物收割机

1773 德国出生的英国天文学家威廉·赫歇尔发现太阳在太空中缓慢运动。

1774 英国化学家普里斯特利证实了氧气的存在，并公布了这个发现。

1774 英国工程师约翰·威尔金森申请了精密炮膛机械的专利。

1773　　　　　1774　　　　　1775

1774 英国天文学家内维尔·马斯基林计算出地球的平均密度。

1774 法国化学家拉瓦锡证明了化学反应中的质量守恒定律。

杰思罗·塔尔的播种机

机械播种机由英国农学家杰思罗·塔尔（1674-1741）于1701年发明。这种机械可以使农民能够平行播种，使作物的除草和收割都更为方便。

<< 农机机械出现之前，小麦收割是一项繁重的工作。

美国工程师塞勒斯·麦考密克经常获得赞誉，他于1834年注册了收割机的专利，并很快将其投入大规模生产。他在1879年创立了麦考密克收割机公司，该公司在芝加哥拥有一座年产4000台机器的工厂。1827年，苏格兰牧师帕特里克·贝尔发明了收割机，并将4台样机送到了美国。

1833年，美国工程师奥贝德赫西发明了另一种类型的收割机。1847年，他改进了自己的机器，从而使自己的机器在收割牧草和干草制作方面优于麦考密克的产品，但他缺乏麦

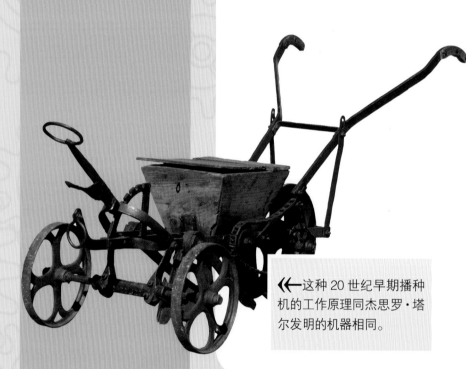

<< 这种20世纪早期播种机的工作原理同杰思罗·塔尔发明的机器相同。

时间轴

1775 – 1780 年

分类：

- 天文学和数学
- 生物学和医学
- 化学和物理学
- 发明和工程学

1775 德国地质学家维尔纳·亚伯拉罕提出地壳中的岩石是由于水的作用而产生的错误理论。

1776 美国发明家大卫·布什内尔建造了一个名为"乌龟"的潜艇，这是人类最早的潜艇之一。

1775   1776   1777

1775 丹麦博物学家约翰·法布里休斯创造了昆虫的分类系统。

1776 英国化学家普里斯特利合成了"笑气"——一氧化二氮，该气体被牙医用作麻醉剂。

1777 法国物理学家查尔斯·库仑发明了扭秤——一种测量力的敏感装置。

考密克的商业眼光。

19 世纪 30 年代，在美国铁匠约翰·雷恩开创性的发明基础上，工程师们开始制造既能收割又能捆绑麦子的联合收割机。此外，人们还发明了独立的作物捆绑机，其中又以约翰·阿普尔 1878 年的发明最为著名。

随后发明的联合收割机还能完成脱粒的工作，但需要 10 多匹马才能拉动机器运转。

↑这种收割和作物捆绑机由塞勒斯·麦考密克发明并占据了当时大部分的农机市场。

蒸汽牵引机和蒸汽履带拖拉机（1908 年）的成功发明克服了这一难题。两年后，汽油机驱动的联合收割机开始占据农机市场。起初，收割机由单独的牵引机带动工作，后来设计师们为收割机装上了动力装置，机动式的联合收割机成了平原上常见的景象。

1778 出生于德国的内科医生弗里德里希·麦斯麦进行了某种形式的催眠研究，这被称为麦斯麦催眠术，但这项研究后来被指责为欺诈行为。

1779 出生于荷兰的英国科学家伊恩·英根豪斯描述了植物光合作用的过程。

1778　　　　　　　　1779　　　　　　　　1780

1778 英国发明家约瑟夫·布莱曼申请了抽水马桶的专利。

1779 英国织工塞缪尔·克朗普顿发明走锭纺纱机，它能将纤维织成纱线，并将纱线缠绕到绕线筒上。

1779 瑞士科学家贺拉斯·索绪尔发明了"geology"（地质学）一词，用来表述研究地球起源和结构的科学。

运　河

18 世纪后期，重型货物的运输都是通过运河进行的。原材料和成品由马拉船的方式运输。

英格兰北部的布里奇沃特运河是第一条现代运河。

时间轴

1780 – 1785 年

分类：

 天文学和数学

生物学和医学

化学和物理学

发明和工程学

1780 意大利博物学家拉扎罗·斯帕兰扎尼进行了狗的人工授精试验。

1781 法国天文学家查尔斯·梅西耶发表了关于星云和星系的编目。

1781 法国矿物学家勒内·茹斯特·阿羽依认为晶体由晶胞构成，从而提出晶体结构理论。

1780

1781

1782

1780 美国医生本杰明·拉什描述了登革热病毒的病状。

1782 苏格兰工程师詹姆斯·瓦特发明了复动式蒸汽机，从而使蒸汽可以交替作用于活塞的两侧。

2000 年前，中国的工程师们修建了第一条用于运输的运河。印度北部采用广泛的运河系统来排水和灌溉，到中世纪时，荷兰人也采用了这一方法。1757 年，首条用于工业产品运输的运河在英格兰投入使用。在那之前，工程师亨利·贝瑞（1720－1812）在英格兰北部的圣海伦斯完成了桑基运河的建设，该运河上有一对并排的船闸（通常被称为梯形船闸）。

第一条运河

第一条具有重要经济价值的运河是英格兰曼彻斯特附近的布里奇沃特运河。它由工程师詹姆斯·布林德利（1716－1772）设计并于1761 年建造完工。这是一条没有船闸的等高运河（重力流），最窄处仅有 8 米宽。

直达运河需要有船闸来确保船能渡过斜坡，要开凿隧道使船穿过山脉，还要修建渡槽使船通过山谷。

布林德利后期完工的运河中，船闸仅有 4 米宽。所以船要想在这样的河道航行，船的宽度就必须比船闸窄一些，但是船闸长度增加了，达到 22 米，这也是修建船闸所能达到

↑布里奇沃特运河从一座石制高架桥上跨越了艾尔韦尔河。

1783 英国物理学家约翰·米歇尔预测存在"暗星"，现在称之为黑洞。

1784 美国科学家和政治家本杰明·富兰克林发明了双光眼镜。

1783

1784

1785

1783 法国的约瑟夫和孟戈菲兄弟发明了热气球。

1784 法国化学家拉瓦锡认为物质是不会消失的，并且提出了质量守恒理论。

1784 英国科学家亨利·卡文迪许证明了水是氧和氢的化合物，而不是由单个元素构成的。

这个船闸建于 1819 年的大交汇运河，该运河连接伦敦与英格兰中部的工业城市。

的最大长度。也正是因为这个原因，这些船被称作"狭长的运河小船"。

这些狭长的运河小船可以装运重达 33 吨的货物，四轮运货马车可携带约 2.2 吨的货物，驮马的负荷通常不会超过 136 千克。

其他的运河也陆续建成。1773 年，英国政府委托苏格兰工程师詹姆斯·瓦特对在苏格兰修建运河进行调研，此运河将连接一系列的湖泊（淡水湖为主），同时也将接入北海和北大西洋。瓦特的苏格兰老乡，工程师托马斯·特尔福德（1757-1834）于1803 年开始了运河的建造工作。1822 年，第一艘船在该运河上航行。1819 年，第一条可供远洋航行的船舶在英格兰建成，从而将西南小镇埃克塞特和大海连接了起来。

五大湖和哈得孙河之间的伊利运河于 1825 年开通。

时间轴

1785 - 1790 年

分类：

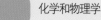 天文学和数学

生物学和医学

化学和物理学

发明和工程学

1785 英国发明家埃德蒙·卡特赖特制造了蒸汽动力织布机。

1786 德国出生的英国天文学家卡罗琳·赫歇尔在 11 年间共发现了 8 颗彗星，1786 年发现的第一颗。

1785   1786   1787

1785 英国内科医生威廉·威瑟林从洋地黄植物中提取洋地黄毒苷用于治疗心脏疾病。

1785 英国工程师罗伯特·兰塞姆发明了铸铁犁铧。

1787 德国出生的英国天文学家威廉·赫歇尔发现了天王星的两颗卫星，即天卫四和天卫三，其中天王星是他在 1781 年发现的。

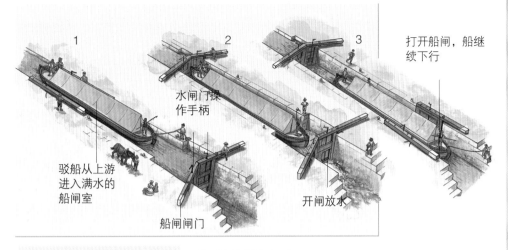

1 2 3 打开船闸，船继续下行

水闸门操作手柄

驳船从上游进入满水的船闸室

船闸闸门

开闸放水

↑ 闸首、闸室和闸门共同调节运河的水位。

北美洲的运河

北美地区的第一条建有船闸的运河很可能是魁北克科托迪拉克地区的短水道，它由英国工程师威廉·特维斯（1745-1827）于 1779 年建造，绕开了圣劳伦斯河上一段波涛汹涌的河段。1825 年，伊利运河完工，将粮食由五大湖区域经哈得孙河运往纽约城。运河全长 583 千米，宽 12 米，深 12 米，需要经过 83 个船闸才能通过特洛伊西侧的高地。

在不到 10 年时间内，运河所收的过路费就超过了修建运河时所花的 700 万美元。该运河随后又经过了现代化的扩建，如今作为纽约州运河系统的一部分，能保证运力为 2000 吨的驳船顺利通行。

船闸的工作原理

船闸的两端装有带铰链的闸门，通过调整闸门的高低来控制闸室内的水位。当船只从上游靠近船闸时，船闸的水门被打开，直到闸室内装满水。随后的步骤分别是：① 打开闸门使船进入闸室；② 上游闸门关闭，下游水门打开，将水排出，直到与下游水位持平；③ 下游闸门打开，船离开船闸。

1788 法国数学家约瑟夫·拉格朗日出版了一本分析计算力学的书。

1789 英国牧师吉尔伯特·怀特出版了野生动物指南——《自然的历史和塞尔伯恩的古物》，至今仍拥有大批读者。

1788 1789 1790

1788 苏格兰工程师威廉·赛明顿建造了第一艘蒸汽皮划艇。

1789 德国化学家马丁·克拉普罗特发现了铀和锆。

1789 法国医生约瑟夫－伊尼亚斯·吉约丹发明了断头台，并从 1792 年开始执行法国大革命期间的死刑。

铁 路

铁路诞生于 16 世纪，当时的欧洲矿工用马匹拉货车沿着用市材纵向铺设的"铁路"行走。

↓ 一辆机车正在通过英格兰北部曼彻斯特的西部沼泽地区。

时间轴

1790 – 1795 年

分类：

天文学和数学

生物学和医学

化学和物理学

发明和工程学

1790 法国的克劳德和伊格纳茨·沙普发明了一种电报，使用两个可动臂来识别信件中的字母。

1791 法国矿物学家德奥达·格拉特·德·多洛米厄发现了矿物白云石。

1792 苏格兰工程师威廉·默多克使用煤气为室内照明。

1790

1791

1792

1790 法国化学家尼古拉斯·勒布朗发明了一种用盐制苏打（重质碳酸钙）的方法。

16、17 世纪时，欧洲的矿工用卡车在木制的轨道上运煤。当亚伯拉罕·达尔比在 18 世纪初开始制造廉价的铸铁时，更坚固的铸铁铁轨问世了。

 1803 年特里维西克的机车采用了铁轮，并在铁轨上运行。

蒸汽机问世

第一台蒸汽机车是由英国工程师理查德·特里维西克于 1803 年建造的。该机车有无凸缘的车轮，但车轮的外边缘的有一个像壶嘴一样的东西。四年后，他在伦敦建立了一个环形轨道系统，每个想要搭乘的人需支付 1 先令，这种火车的名字叫作"谁能追上我"。

投入常规运营而且既能载客又能载货的铁路于 1825 年投入运营。斯托克顿和达灵顿铁路全长 42 千米，机车由英国工程师乔治·斯蒂芬孙建造。第一条城际铁路（连接利物浦与曼彻斯特）于 1830 年开始运营，第一列运营的火车是斯蒂芬孙的"火箭号"。

时间轴

1803 年 特里维西克机车

1825 年 斯托克顿和达灵顿铁路

1830 年 利物浦与曼彻斯特铁路

1830 年 巴尔的摩和俄亥俄铁路

1831 年 南卡罗来纳州铁路

 这幅图描绘了斯托克顿和达灵顿铁路在 1830 年开通时的场景。

1793 美国工程师伊莱·惠特尼发明了能从棉纤维中分离种子的轧棉机。

1793 法国博物学家让 – 巴蒂斯特拉马克重新引入了化石是已经灭绝的植物和动物的遗骸的理论。

1795 法国天文学家约瑟夫·拉朗德观察到了海王星，但并没有意识到这是一个新的星球。

1793   1794   1795

1793 人们发现了一只保存在西伯利亚的永久冻土层中的猛犸象遗体。

1795 法国推出了十进制的测量指标体系。

斯蒂芬孙的"火箭号"

最著名的早期机车是由乔治·斯蒂芬孙建造的"火箭号"。"火箭号"改进了早期型号的机车，后来所有的蒸汽火车都以"火箭号"的模样来建造。有些人曾担心乘客在这么快的火车里坐着会呼吸不畅。

该条铁路主要用于将利物浦港口的棉花运到英格兰西北部曼彻斯特的工厂，铁路沿线要通过一片巨大的沼泽地，斯蒂芬孙（该线路的首席建造工程师）在沼泽地上铺了一些紧实的漂浮物，成功地克服了这个问题。

随后，铁路在其他国家也如雨后春笋般修建起来。1830年，美国的巴尔的摩和俄亥俄铁路举行了建成典礼，该线路从巴尔的摩到埃利科特城，全长21千米。1831年，当时全世界最长的铁路——南卡罗来纳铁路投入运营，该线路从查尔斯顿到汉堡，全长248千米。法国和德国分别于1832年和1835年建造了第一条铁路。到1840年，奥地利、爱尔兰和荷兰都拥有了铁路。火车的出现迫使驳船退出了货运的行列，运河也因此长久失修。

«←利物浦至曼彻斯特铁路既能载客又能载货。

铁轨的更换

同机车车头和车辆一样，铁路也需要更新装备。

早期的铁路采用的是铁轨，铁

时间轴

1795 – 1800 年

分类：

- 天文学和数学
- 生物学和医学
- 化学和物理学
- 发明和工程学

1795 苏格兰地质学家詹姆斯·赫顿发表了他对地球历史的想法，这构成了现代地质学的基础。

1796 法国天文学家皮埃尔－西蒙·拉普拉斯认为，太阳和行星是由一团旋转的气体凝结而成的。

1797 人们发现了矿物质铬，随后于1798年发现了锶。

1795   1796   1797

1795 英国发明家约瑟夫·布莱曼发明了水压机。

1796 德国医生弗朗茨·高尔发展了颅相学，内容涉及心理能力和头部形状，该理论现在已经被淘汰。

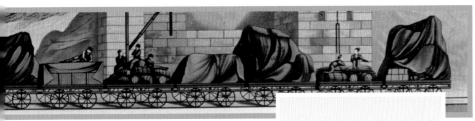

↑ "火箭号"成功地完成了路测，成为第一条城际铁路线上的机车。

轨由铸铁制成，为了确保车轮在轨道上行驶，车轨的一部分与车轮呈直角。

很快，这些带轮缘的铁轨就被替换了。轮缘被装在了车轮上，从而使其可以在更粗也更结实的铁轨上行驶，这种铁轨的顶部是直的，下面是弯曲的。但这种铸铁制成的铁轨很脆弱并且容易折断。从1858年起，铁路线开始采用钢制的铁轨。

1789年，人们发明了转辙器并用于有轨车系统。当火车开始交替使用轨道时，人类又发明了信号系统，这种信号系统采用了可旋转的圆盘和摆臂。1849年，纽约市和伊利公司引入了闭塞信号系统，即直到前面的车已经离开了车道之后，才允许火车进入轨道段。随后，闭塞信号系统由电力连接起来。短短数十年间，铁路让相距甚远的地方从此变得不再遥远。

↓ 作为利物浦至曼彻斯特铁路的首席工程师，乔治·史蒂芬孙负责铁路的设计和建造，比如下图的隧道。

1798 英国经济学家马尔萨斯发现种群的大小和食物供应存在着联系，并且人口的增长速度远远快于食物的供应速度。

1799 英国科学家托马斯·贝多斯和汉弗莱·戴维使用"笑气"（即一氧化二氮）进行实验。

1798　　　　　　　　　　1799　　　　　　　　　　1800

1798 丹麦数学家卡斯帕·韦塞尔用向量表示复数（有量级和方向的数量）。

1799 在美国出生的英国科学家本杰明·汤普森在伦敦建立了了英国科学研究所。

1800 英国天文学家威廉·赫歇尔发现了来自太阳的红外辐射。

术 语 表

风箱 一个柔韧的气囊，通过往里抽气形成一股气流，输送至熔炼炉内。

铸铁 一种含碳量很高的铁，很难塑造或铸造成既定的形状。

经线仪 一种准确度极高的仪表，用于测量海船所在的经度。

彗星 一种围绕太阳运行的体积较小且温度很低的星体。

元素 任何无法在化学层面上继续分解的物质。

法兰 滚筒或导轨突出的部分，起到连接作用。

熔炉 在一个密闭的空间用火加热形成极高的温度来熔炼金属。

调速器 自动调节机器速度的机械装置。

马力 最早由詹姆斯·瓦特提出的蒸汽机相对于驮马的功率单位。

纬度 地球上某点在赤道以南或以北的距离，用角度衡量。

避雷针 一根安置在高大建筑顶部的金属棒，通过吸引闪电并将其中的电荷安全地传输至地下以达到保护建筑的目的。

船闸 通过一个门封闭一段运河来控制水位，并将过往的船只升起或放下。

经度 地球某点在本初子午线以东或以西的距离，用角度衡量。

子午线 一根从北极环绕到南极的不可见的线，也是零度经线，穿越英格兰格林尼治。

收割 割取成熟的农作物。

铁道机车车辆 火车头带动的车厢和货车。

踏板 一个用脚部操控并驱动机器运动的摇杆。

真空 一个空白到没有任何物质的原子或分子在其中的空间。

相 关 阅 读

书籍

Bagley, Katie. *The Early American Industrial Revolution, 1793–1850.* Mankato, MN: Bridgestone Books, 2003.

Collier, James Lincoln. *Steam Engines (Great Inventions).* New York: Benchmark Books, 2005.

Gunderson, Jessica. *Eli Whitney and the Cotton Gin (Graphic Library).* Mankato, MN: Capstone Press, 2007.

Hynson, Colin. *A History of Railroads.* Milwaukee, WI: Gareth Stevens Publishing, 2005.

Nardo, Don. *The Industrial Revolution in Britain.* Detroit: Lucent Books, 2009.

Nardo, Don. *The Industrial Revolution in the United States.* Detroit: Lucent Books, 2009.

Pierce, Alan. *The Industrial Revolution (American Moments).* Edina, MN: Abdo and Daughters, 2005.

Price, Sean Stewart. *Smokestacks and Spinning Jennys: Industrial Revolution.* Chicago: Heinemann-Raintree, 2007.

Randolph, Ryan P. *Benjamin Franklin: Inventor, Writer, and Patriot.* New York: Rosen Publishing Group, 2003.

Riley, Gail Blasser. *Benjamin Franklin and Electricity.* New York: Children's Press, 2004.

Santella, Andrew. *The Erie Canal.* Minneapolis, MN: Compass Point Books, 2004.

Whiting, Jim. *James Watt and the Steam Engine.* Hokessin, DE: Mitchell Lane Publishers, 2005.

网站

http://www.bbc.co.uk/history/british/victorians/launch_ani_rocket.shtml

BBC 制作的关于火箭的动画片

http://sln.fi.edu/franklin/inventor/inventor.html

富兰克林学会的网站上关于大发明家富兰克林的网页

http://inventors.about.com/library/inventors/blsteamengine.htm

关于蒸汽机发明的网页，同时还可以链接到各种传记

http://www.saburchill.com/history/chapters/IR/001.html

关于工业革命的网页，内有丰富链接